Discovery Education 探索·科学百科（中阶）

1级D3 罗马角斗士

全国优秀出版社
全国百佳图书出版单位

广东教育出版社 学乐

目录 Contents

罗马角斗士

在古罗马帝国，角斗士是接受专门训练，在观众面前表演格斗的战士。他们手持利剑和长矛等武器相互对决、或是被安排和动物搏斗，许多角斗士甚至会战死。

　　罗马帝国的统治始于公元前 27 年左右，持续到公元 395 年，曾盛极一时。角斗士的出现甚至是在罗马帝国建立之前，而后慢慢演变为惩罚奴隶、战俘和罪犯的方式。公元前 264 年，罗马上演了第一场角斗士比赛，从此开始了这种持续 668 年，以决斗来娱乐众人的传统。

角斗士们穿什么？

　　有些角斗士只穿很少，甚至不穿防护装备，但大部分手持长矛、身穿护肩和护腿等。这些装备由金属制成，以罗马神灵的画像或是海洋图腾作装饰。

护肩

护腿

角斗士的装备

　　来自于斯巴达的布鲁玛奇(Hoplomachi)角斗士是重装备步兵，他们拿着巨大的圆形盾牌，穿着全身盔甲，手持利剑。

大西洋

不列颠

高卢

比利牛斯

伊伯利亚半岛

巴利

阿特拉斯山脉

岩画

罗马人用五颜六色的细石或玻璃制成的马赛克镶嵌图案去描绘他们日常生活的景象。在一些保存至今的岩画上可以看到角斗士比赛的场景。

日耳曼尼亚

萨尔马提亚

达契亚

黑海

阿尔卑斯山脉

达尔马希亚

色雷西亚

卑斯尼亚

亚美尼亚

意大利

马其顿尼亚

亚细亚

嘉岛

罗马

伊庇鲁斯

吉里吉亚

叙利亚

撒丁岛

阿凯亚

西西里

克里塔

地中海

阿拉伯半岛

昔兰尼加

埃古普托斯
(埃及国王)

公元117年的罗马帝国

罗马人通过战争进行扩张，最终建立横跨欧洲、西亚和北非的庞大帝国。

角斗士比赛

角斗士比赛很快成为罗马帝国最受欢迎的娱乐活动。最初，这种比赛作为一种仪式出现在重要的葬礼上。人们相信，角斗士的鲜血可以辟邪，也能取悦众神。于是，罗马的官员们在世的时候就开始为自己的葬礼筹备角斗士比赛，他们相互攀比谁组织的比赛更大型、更轰动。皇帝、参议员和高级官员们慢慢意识到，角斗士表演可以取悦大众，从而令他们更受欢迎，使权力得到巩固。

马克西姆斯

2000 年，导演雷德利·斯科特（Ridley Scott）以罗马角斗士为原型制作了电影《角斗士》，剧中拉塞尔·克罗（Russell Crowe）扮演落草为奴的将军马克西姆斯（Maximus）。为了演好角斗士，克罗拼命地工作，最后导致腿部和臀部骨折、双臂受伤。

正在进行的角斗士比赛

竞技场上经常上演多组角斗士同时格斗的场面。最大规模的一次比赛是在公元 107 年，罗马皇帝图拉真（Trajan）组织了 5 000 对角斗士同场厮杀。图拉真和一群参议员坐在包厢观看比赛，普通的罗马公民则坐在看台上。

角斗士纪年表

角斗士比赛始于公元前 264 年，持续了 668 年，直至公元 404 年才被罗马皇帝霍诺里厄斯（Honorius）彻底废除。随着这项活动越来越受欢迎，自愿成为角斗士的人也越来越多。他们主动要求接受训练成为一名角斗士到竞技场上厮杀——这些人并非奴隶，他们大多是希望通过比赛赢取奖金的穷人。

公元前264年
在罗马贵族尤尼乌斯·布鲁特斯·佩拉（Junius Brutus Pera）的葬礼上，举行了第一次有史料记载的角斗士比赛。

公元前202年
第一次在角斗士比赛中使用野兽。罗马人甚至从帝国的版图之外运送野生动物入场参与比赛。

公元前80年
庞培修建了专门用于角斗士比赛的圆形斗兽场。这个竞技场后来在维苏威火山爆发的时候被掩埋。

公元前46年
朱利尤斯·恺撒大帝（Julius Caesar）修建人工湖，举行模拟海战，参与其中的角斗士有3 000多名。

公元59年
尼罗（Nero）是第一个试图废除角斗士比赛的皇帝，在一次看台骚乱之后他宣布禁止此项运动，这一禁令持续了十年。

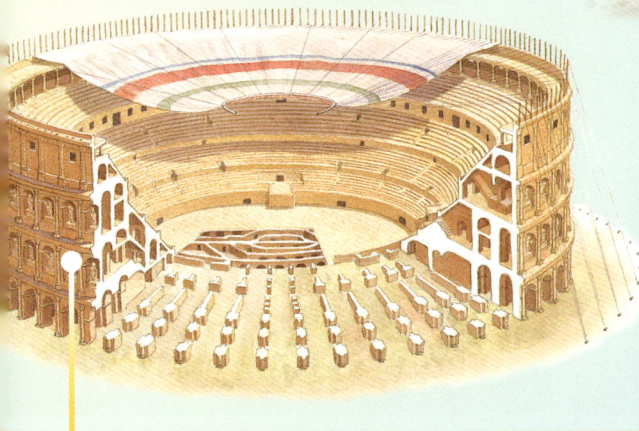

公元70年
罗马人开始修建史上最壮观的竞技场。公元83年，罗马皇帝提图斯（Titus）修建了著名的罗马圆形斗兽场，此项工程耗时超过十年。

公元200年
罗马皇帝赛佛留（Severus）禁止女性参加角斗士比赛。

公元325年
罗马皇帝康斯坦丁（Constantine）禁止以强迫成为角斗士的方式惩罚罪犯。

公元404年
在罗马皇帝霍诺里厄斯（Honorius）统治时期，角斗士比赛被最终废除。

角斗士的训练

奴隶、囚犯、罪犯和志愿者们在角斗士学校受训成为一名合格的角斗士。在角斗士比赛最为盛行的时期，整个罗马帝国有上百所角斗士学校。最著名的角斗士学校都在意大利，其中包括那不勒斯附近的卡普拉和角斗士的大本营庞培。罗马最富盛名的是卢德思·马格纳斯角斗士学校，这个学校通过地道与罗马圆形斗兽场相连。

圆形斗兽场的地下室

圆形斗兽场的地下是角斗士的囚室及野生动物的兽笼。比赛开始之前，角斗士们（通常来自卢德思·马格纳斯学校）就被带过来关在这里。

1 角斗士的囚室

角斗士们被关在这些囚室里，吃些燕麦、谷物、豆类、大麦，据说这种食谱能防止他们流血过多而死。

2 竞技场内的笼子

比赛前，角斗士被关在笼子里，等待比赛开始的时候被放进竞技场。

成为角斗士的仪式

所有角斗士都要对着神灵发誓，同意放弃一切权利，接受奴隶的待遇。

"我愿承受重负，我愿被束缚、被殴打，甚至是被利剑刺死。"

尤利·温西里 (Uri Vinciri)

沃波拉里 (Verberari)

佛朗科·那卡里

(Ferroque Necari)

庞培角斗士大本营遗址

庞培角斗士大本营位于一座大型剧院后面，它的遗址保存至今。

训练

角斗士们每天都在相同的团队里受训。这种训练有一套专门的标准，甚至连怎样优雅地死去以取悦观众都会有相应的训练。

卢德思·马格纳斯学校

卢德思·马格纳斯学校是罗马最大、最富盛名的角斗士学校，它由罗马皇帝杜米仙（Domitian）修建。这是一座双层建筑，可供3 000人同时观看角斗士的训练，形状类似于罗马圆形斗兽场，位于一个罗马圆形斗兽场地旁边。它有130个关押角斗士的囚室，这些囚室分成四边排开。

今天的
卢德思·马格拉斯学校
　　在卢德思·马格纳斯学校的遗址依然能看到那些角斗士囚室建筑的一半。

地下通道

　　公元404年，角斗士比赛被废除的时候，卢德思·马格纳斯学校也随之关闭。1937年，考古学家们在古罗马广场上发现了马格纳斯学校及一系列别的角斗士学校遗址。图片显示了一条连接罗马圆形斗兽场的地下通道。这个建筑是整个古罗马大型建设规划的一部分。

1 罗马圆形斗兽场是罗马帝国最大、最著名的一座角斗士竞技场。皇帝亲自组织的比赛就安排在这里举行。

2 卢德思·马格纳斯学校与圆形斗兽场通过地下通道相连，角斗士们就是从这个地下通道入场。

3 卢德思·马格纳斯学校被认为是专门训练和野兽对决的角斗士的学校，因为它的名字意思就是"早晨的比赛"，而斗兽比赛都是在早上举行。

比赛场景

　　罗马附近的一处马赛克镶嵌壁画展示了角斗士比赛时候的场景。这个图案制作于公元320年，于1834年被发现。

**巴斯迪阿里
(Bestiarii) 角斗士**

　　武器是盾牌和利剑，他们常常与老虎那样的巨兽作战。

角斗士的种类

角斗士要接受各种各样战斗的考验，他们用不同种类的武器和盔甲，以不同的方式进行格斗。每种类型的角斗士往往有特定种类的对手，而罗马的观众最喜欢看的是利泰尔里（Retiarii）角斗士和斯库托尔（Secutore）角斗士之间的战斗。穆米勒（Murmillone）角斗士、萨拉西（Thraeces）角斗士及布鲁玛奇（Hoplomachi）角斗士通常和同一类型的角斗士展开战斗。

以赛德利
(Essedarii) 角斗士

是驾驶战车，手持利剑进行肉搏的角斗士。他们也可能会和野兽搏斗。

斯库托尔
(Secutores) 角斗士

身穿光滑的盔甲，因而不会被利泰尔里（Retiarii）角斗士的网给围住。他们的武器是利剑和盾牌。

利泰尔里
(Retiarii) 角斗士

主要的武器是三叉戟，他们利用手中的网困住对手。

布鲁玛奇
(Hoplomachi) 角斗士

来自于斯巴达的重装备步兵，他们拿着巨大的圆形盾牌，穿着全身盔甲，手持利剑。

安达贝蒂
(Andabatae) 角斗士

他们身穿无孔的盔甲，骑着战马，手持利剑冲杀。

戴玛奇
(Dimachaeri) 角斗士

以不穿任何防护装备著称。他们的武器只有两把短剑，手上连盾牌都没有。

武器和盔甲的种类

随着角斗士比赛越来越受欢迎，武器和盔甲就变得越来越重要。在角斗士比赛最为盛行的时候，人们专门设计了许多不同种类的武器和盔甲来进行不同风格的比赛。这些装备包括刀剑、弓箭、头盔和护胸甲，及不同种类的盾牌等。盔甲主要是由金属和皮革制成。金属盔甲提供更好的保护，但它们比较笨重；与之相对，皮革盔甲穿起来行动敏捷，但是保护效果没那么好。

长形盾
用以自我保护，盾牌的形状是矩形或者椭圆形。

短矛
跟标枪类似，这种长杆顶端是锋利的金属头。

网
这种网由很粗的绳子制成，通常在它的各端会绑着重物或刀片。

套索
这种套索由高强度的皮革或者绳子制成，它类似于网。

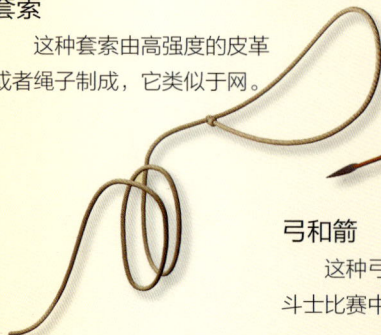

弓和箭
这种弓箭只在特殊的角斗士比赛中使用。

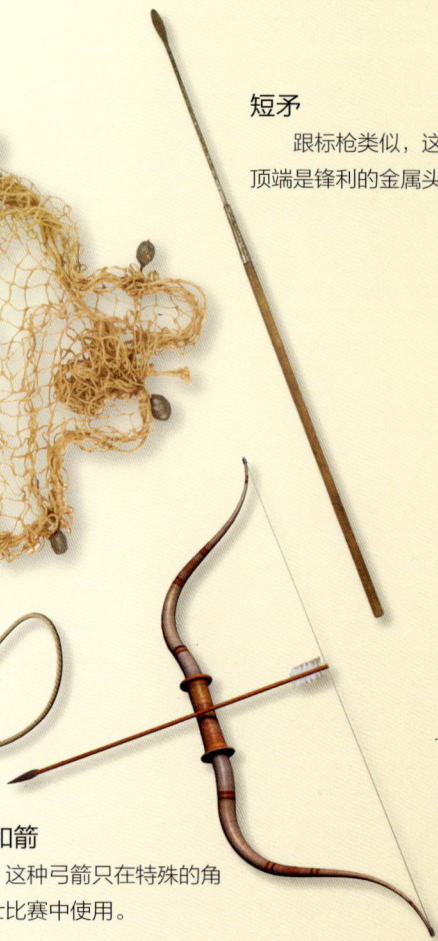

护身衣
这些用皮革和金属制成的护身衣物可以提供额外保护。

1 头盔

头盔由金属和皮革共同制成。

2 护臂甲

护臂甲是穿在手臂上的皮革盔甲。

3 护胸甲

护胸甲是铜制的，用于保护身体的上身躯干部位。

4 单刃剑

这种单刃的直剑是常见武器。

全副武装

竞技场上，武器和盔甲是否精良关乎生死。

5 小盾

这种防守用的盾牌是圆形或者椭圆形的。

6 三叉戟

三叉戟是顶部有三个叉的长矛。

斯巴达克斯

斯巴达克斯离开希腊的故乡，加入罗马军队。之后他被队伍抛弃，成了俘虏，又被卖为奴隶。而后他在加普亚的学校受训成为一名角斗士。公元前73年，斯巴达克斯领导角斗士起义。他发动了70~80名角斗士手持武器出逃，接着，他们在维苏威火山上建立营地。在那里，越来越多的奴隶闻讯赶来参加起义。罗马参议院派了一支3000人的军团过去镇压，结果被斯巴达克斯和他的同伴们打败。参议院又多次加派军队增援，仍是一次次地无功而返。公元前71年，斯巴达克斯在一次战斗中就义。

雕像
斯巴达克斯是色雷斯角斗士。雕像中他戴着宽大的头盔，手持弯刀。

弗莱玛（Flamma）

弗莱玛是史上最受欢迎的角斗士之一。他原来在叙利亚的军营服役，因不服从命令而受罚成为一名角斗士。角斗士只需赢得五次战斗或是历经多年血战而不死即可获得自由。弗莱玛四次被赐予自由，但是他仍然选择做角斗士继续战斗。弗莱玛在罗马非常受欢迎，以至于他的头像都出现在罗马钱币上。

弗莱玛的墓志铭

弗莱玛
'洛奇'
斯库托尔角斗士
30 岁寿终
参加格斗 34 次
赢 21 次
平 9 次
输 4 次

克雷苏斯之死

斯巴达克斯最重要的助手克雷苏斯（Crixus）在第二次战斗中被罗马士兵杀死。为了给克雷苏斯报仇，斯巴达克斯把俘获的300名罗马士兵分成一对一对，命令他们像角斗士一样死战。

英勇无畏

最后一场战役开始之前，斯巴达克斯杀死自己的战马以示破釜沉舟的决心。

罗马大赛马场

这是罗马最早也是最大的竞技场，它的赛道上举行过很多比赛，比如：角斗士比赛、拳击比赛、赛跑比赛以及战车比赛。罗马大赛马场最早是木质结构，于公元前 31 年被大火毁坏，之后又经历了两场大火。最后在公元 103 年，一座崭新的大理石竞技场建了起来。椭圆形的赛道被一条中线分成两边，人们将这条线称为"斯宾纳（Spina）"。中线的一端有个转折标杆，被称为"眉塔（Meta）"。

今天的罗马大赛马场

时至今日遗留下来的只有长满青草的赛道、中线斯宾纳及一些出发门。

战车比赛

　　战车比赛是大赛马场最受欢迎的比赛，高峰时期每天有 12 场比赛。用于比赛的战车较小，制作的时候要尽可能地轻，由两匹或者四匹马一起拉动。

古罗马大赛马场

　　这个竞技场原来有600米长，118米宽的看台，看台高三层，可同时容纳15万名观众。

罗马圆形斗兽场

罗马圆形斗兽场是当时最大的一个圆形剧场。始建于公元70年，动用 20 000~30 000 名奴隶和熟练工人参与建设，历时十年时间才建成。为了庆祝它的落成，提图斯皇帝举行了连续 100 天的庆祝比赛，其中包括壮观的角斗士斗兽比赛。这个圆形斗兽场有四层，建筑面积达 3 万平方米。

皇帝的包厢

皇帝坐在专门的包厢里，这个包厢位于竞技场北边的指挥平台上，有一条隧道直接从皇宫连接到包厢。参议员们也坐在这个平台上。

入口

圆形斗兽场有76个拱门入口供普通观众入场，另外有4个专门供皇帝、官员和富人们入场的大拱门。

下层座位

贵族们坐在看台第一圈的大理石座位上，而第二圈的大理石座位则是为富裕的公民准备的。

上层座位

女人和底层社会的人们坐在上层座位，这些座位是高高的木质座椅。

帆布遮阳篷

这个遮阳篷或者叫雨篷，是给观众遮风挡雨的。它向下朝着场地中央倾斜，遮住整个竞技场三分之一的部分。这个遮阳篷用非常坚韧的绳子拉住，绑在场外的绞车上（可拉吊）。

圆形斗兽场的建设

罗马圆形斗兽场由大理石、水泥、砖头和石头建成，它历经了地震和火灾等千年的沧桑，但主体部分保存至今。

皇帝角斗士

有少数的皇帝为了取悦大众或是为了满足自己被人称赞为勇士的虚荣，亲自入场进行角斗士比赛。虽然角斗士属于最下贱的阶层，但是观众们非常尊重、甚至是崇拜那些角斗士中的佼佼者。有些皇帝也试图获得这样的崇拜。然而，他们跟真正的角斗士完全不同，这种比赛都是事先安排好的，皇帝没有任何危险，纯粹是在表演——皇帝自己挑选比赛的对象，而且比赛的规则也是他本人制定。

喀利古拉

喀利古拉（Caligula）被公认是一名非常残忍的皇帝角斗士。他利用角斗士比赛展示自己的权力和威严。他强迫普通公民——而非角斗士，到竞技场上跟他比赛。史料记载，喀利古拉在一场木剑比赛中掏出一把真正的剑将对手杀死。还有一次他下令取下看台上的遮阳篷，以看着观众们在大热天受苦为乐。喀利古拉刚成为皇帝时下令在海湾上修建临时的浮桥，他打扮成色雷斯角斗士骑着马从桥上通过。

待售的角斗士

罗马皇帝喀利古拉（Caligula）在他的皇宫选购角斗士。

科莫德斯

罗马皇帝科莫德斯（Commodus）在竞技场上因自大而闻名。他装扮成大力神上场和野兽——特别是狮子搏斗。据称，他曾一次杀了 100 只野熊。科莫德斯对入场的观众收取昂贵的门票，这种行为最终损害了罗马的经济。跟喀利古拉皇帝一样，科莫德斯也强迫普通公民上场与他决斗。

角斗士比赛的衰落

历史学家认为角斗士比赛的衰落有两大原因：一是因为罗马经济的衰退，二是因为基督教的崛起。举行角斗士比赛耗资巨大，公元300年至公元400年间罗马的经济每况愈下，举行这种盛大的比赛越来越成为一种负担。随着基督教的崛起，越来越多的人认为角斗士比赛是一种残忍的游戏，他们公开进行反对。公元313年，皇帝康斯坦丁赐予基督徒宗教自由。公元399年，皇帝霍诺里厄斯关闭所有角斗士学校。公元404年，在一个试图阻止比赛进行的抗议者被杀害之后，角斗士比赛被最终废除。

"某天的午后，我顺路来到竞技场，想看看比赛，想看看轻松的东西，让视线从眼前血淋淋的现实转移开来。然而我所看到的与我所期待的恰恰相反——这种比赛简直就是屠杀。"

哲人的反思

罗马哲学家塞内卡（Seneca）看到角斗士比赛中众人以围观角斗士互相残杀为乐之后的感想。

你知道吗？

女性也有参与角斗士比赛。她们当中有些是女奴，而另外一些则是可能仅为寻找刺激的富裕阶层女性。公元200年，皇帝塞佛留禁止女性参与角斗士比赛。

基督教教义

基督徒认为角斗士比赛是违背基督教教义的，但一些信奉基督的皇帝依然支持这种比赛。

抗议

一些反对举行角斗士比赛的观众有时会冲入场内试图阻止比赛进行。有一个这样的传说，僧人忒勒马科斯（Telemachus）在试图阻止角斗士比赛进行的时候被人用石头砸死。

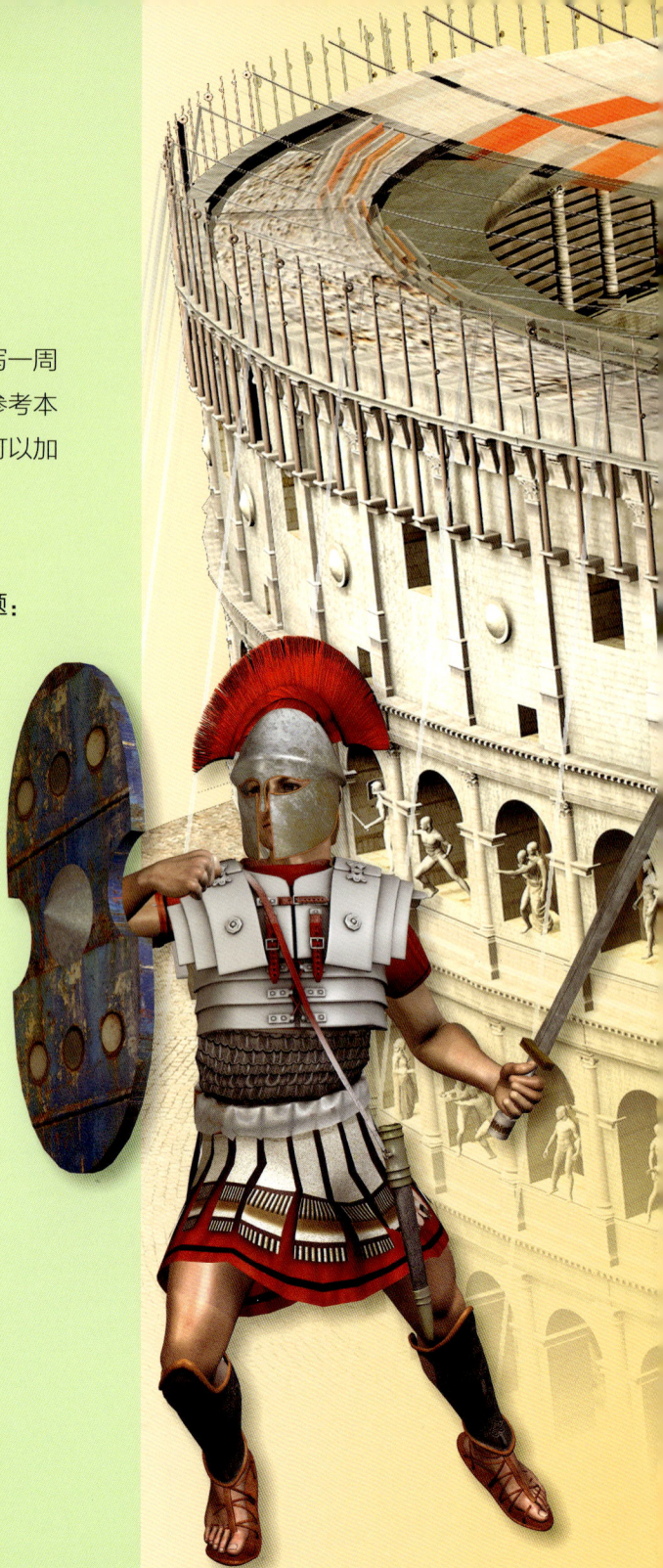

假设你是
罗马角斗士

　　假设你是一名罗马角斗士，以此为题写一周的日记，每天一篇，记录当天的生活。可参考本书的描述以使你的日记尽可能地真实，也可以加进去一些图片和说明。

以下是一些可以为你的写作提供启发的问题：

1 你将成为哪种角斗士？

2 你将有怎样的盔甲和武器？

3 你将在哪里受训？

4 你将在哪里战斗？为什么？

5 你的住处会是怎样的？

6 你怎样度过一天的生活？

7 你的家庭背景如何？

8 你已经进行过几场战斗？

知识拓展

竞技场 (arena)
四周有看台的一块平地。

贵族 (aristocrat)
来自上层社会的人物。

公民 (citizens)
某政权、某民族或国家获得法律确认的成员。

经济 (economy)
一个社会的财富和资源。

古罗马广场 (Forum)
古罗马市中心一处人们经常集会的地点。

军团 (legion)
罗马军队里 3 000~6 000 人的一个作战单位。

指挥台 (podium)
使得站在上面的人能被周围观众看见的平台。

浮桥 (pontoon)
用平底船或是空心金属圆柱体支撑起来的临时性桥梁。

起义 (revolt)
一群人参加的暴力反抗。

参议员 (senators)
罗马参议院的成员。

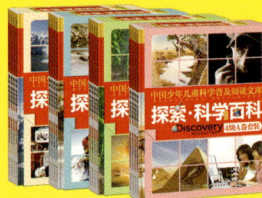

中国少年儿童科学普及阅读文库

探索·科学百科™ 中阶

力与运动

[澳]罗伯特·库珀⊙著

姜奕辉(学乐·译言)⊙译

Discovery
EDUCATION™

全国优秀出版社
全国百佳图书出版单位
广东教育出版社

广东省版权局著作权合同登记号

图字：19-2011-097号

本书原由 Weldon Owen Pty Ltd 以书名*DISCOVERY EDUCATION SERIES · Force and Motion*

（ISBN 978-1-74252-198-5）出版，经由北京学乐图书有限公司取得中文简体字版权，授权广东教育出版社仅在中国内地出版发行。

图书在版编目（CIP）数据

Discovery Education探索·科学百科.中阶.3级.C4，力与运动/[澳]罗伯特·库珀著；姜奕辉（学乐·译言）译. — 广州：广东教育出版社，2014.1

（中国少年儿童科学普及阅读文库）

ISBN 978-7-5406-9363-3

Ⅰ.①D… Ⅱ.①罗… ②姜… Ⅲ.①科学知识—科普读物 ②力学—少儿读物 Ⅳ.①Z228.1 ②O3-49

中国版本图书馆 CIP 数据核字(2012)第162202号

Discovery Education探索·科学百科（中阶）
3级C4 力与运动

著 [澳]罗伯特·库珀　　译 姜奕辉（学乐·译言）

责任编辑 张宏宇　李　玲　丘雪莹　　**助理编辑** 蔡利超　于银丽　　**装帧设计** 李开福　袁　尹

出版 广东教育出版社
　　地址：广州市环市东路472号12–15楼　邮编：510075　网址：http://www.gjs.cn
经销 广东新华发行集团股份有限公司　　　　**印刷** 北京顺诚彩色印刷有限公司
开本 170毫米×220毫米　16开　　　　　　**印张** 2　　　　　**字数** 25.5千字
版次 2016年5月第1版　第2次印刷　　　　**装别** 平装

ISBN 978-7-5406-9363-3　　定价 8.00元

内容及质量服务 广东教育出版社 北京综合出版中心
　　　　电话 010–68910906　68910806　　网址 http://www.scholarjoy.com
质量监督电话 010–68910906　020–87613102　　**购书咨询电话** 020–87621848　010–68910906

Discovery Education 探索·科学百科（中阶）

3级C4 力与运动

全国优秀出版社
全国百佳图书出版单位

广东教育出版社

掌乐

目录 | Contents

什么是力？

力 是物体对物体的作用。力可以通过推、拉作用使物体运动或者停止，力也可以控制物体运动的快慢。可能你并没有意识到，但力时时刻刻都作用在你身上，即便是在你坐着不动或者安然入睡的时候。当你呼吸的时候，你也需要力帮助你将空气吸进体内，并从体内呼出。

我们每时每刻都受到力的作用，有些力可能你自己都没有注意到。例如，地球引力就是一种力，它能够使你留在地面上，而不会飘到空中去。

投篮得分

篮球运动员借助推力将篮球投向篮筐。运动员把篮球推送到篮圈以上的位置，然后球就会在地球引力的作用下落回地面。

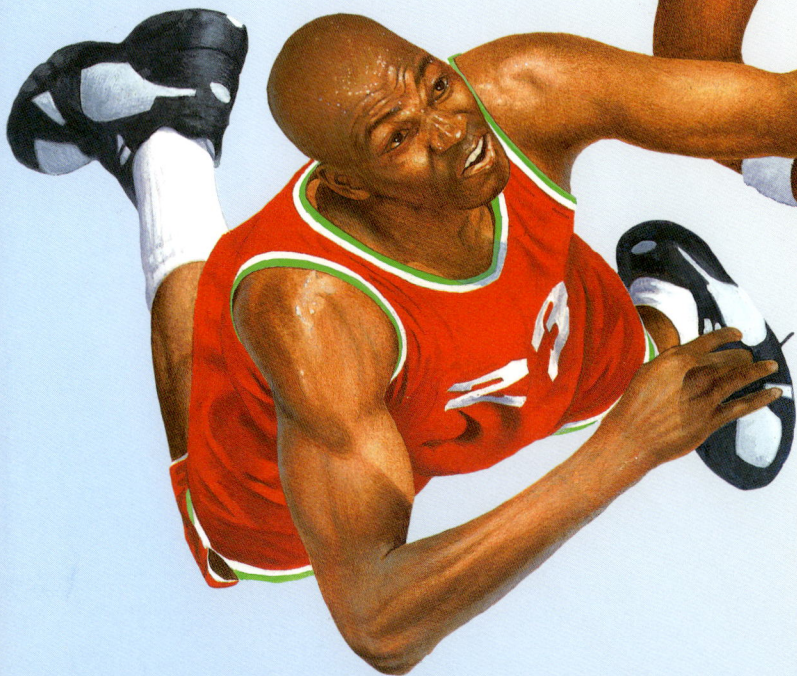

拉皮筋

当你用手拉长一根橡皮筋的时候，你用到了手部和五指肌肉的力。这些力对抗着橡皮筋的弹力，橡皮筋的弹力想要让橡皮筋恢复到原先的样子。

拉拖车

当你行走的时候，你会用体内的能量来产生力，从而让你的肌肉做出相应的动作。一辆小车拉着拖车往前走，它的能量来自于发动机里的燃料。这种能量能够产生力，让小车和拖车运动起来。

扳手劲

当你捡起一张纸的时候，你用到了手臂和手部肌肉的力。如果你要捡起一本厚厚的书，那么你需要借助更大的力。当两个强壮有力的人在扳手劲的时候，他们会尽可能大地使出各自手臂和手部肌肉所能产生的力。

打壁球

壁球是一项节奏很快的运动。当球拍击打在壁球上时，力使壁球快速飞向墙面；当壁球与墙面相碰撞时，接触力又使壁球飞速弹回球场。

简单机械

机械能够帮助人们更加轻松地工作。我们今天使用的某些机械，像洗碗机、飞机等，都是由很多个运动部件组成的，非常复杂。

在古时候，人们借助简单机械来完成一些基本任务。比如使用斜面来把物体搬到较高的地方，使用滑轮或杠杆来把物体举高，人们还把轮和轴用在手推车和战车上。复杂机械是由以下六种基本类型的简单机械组合而成的：斜面、楔子、螺丝、滑轮、轮和轴、杠杆。

杠杆是怎样工作的

杠杆是将一根较长的棍棒放置在一个固定点上，这个固定点称为支点。当你向杠杆离支点较远的一端施加力的时候，你举起物体或者搬动物体会变得更加省力。古埃及人使用一种称为"沙杜佛"（shadoof）的吊杆，来帮助他们从尼罗河中提水。

支点

重物

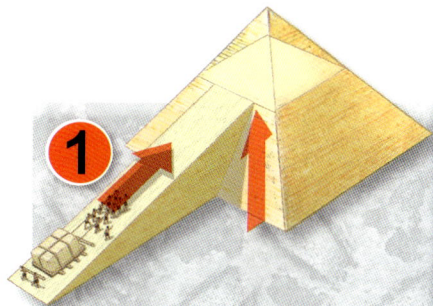

斜面

斜面，也称为坡面，它能帮助你更轻松地将物体送往高处。沿着斜面推拉物体，所需要的力会变小。古埃及人在建造金字塔的时候，就是借助斜面来将沉重的石块搬到高处的。

楔子

楔子有着锐利的刃或者尖，它能插入或者刺入木头之类的物体中。斧头和钉子都是楔子类机械。

螺丝

有些螺丝具有锐利的尖端以及呈螺旋状环绕在柱体上的细槽。施加在柱体顶部的旋转力，能够让螺丝钻入木头等材质中去。

4

滑轮

　　滑轮能够帮助你升起小船上的帆和旗杆上的旗帜。滑轮是将绳子或金属线穿过一个或多个轮子组成的。只要你拉动绳子的一端，就能将负载举高。

5

轮和轴

　　汽车和自行车上都装有轮子和把轮子固定在恰当位置上的轴。轴是一根从轮子中心穿过的棍子，它将轮子与机械的其他部件相连，或者将两个轮子联结在一起。

6　各种类型的杠杆

独轮手推车

　　独轮手推车以独轮为支点，车里的负载距离支点很近。当你抓起手推车的把手时，你就能轻松抬起并移动重物。

划艇船桨

　　作用在船桨上的负载物是船桨划过的水，你需要用船桨划水来使划艇前进。支点就是船桨与划艇相连的旋转轴。

撬棍

　　撬棍是一根长金属棍，其中一端是弯曲的，这个地方就是它的支点。在撬棍的另一端施加作用力，就可以克服比这更大的力，把原本牢牢固定在一起的东西给撬断。

胡桃钳子

　　胡桃钳子的支点位于两根手柄相连的地方，负载物就是你想要夹碎的坚果。你需要在两根手柄的末端施加作用力。

复杂机械

复杂机械之所以复杂，是因为它组合使用了两种或两种以上的简单机械。很多机械是通过改变力的大小或方向来起作用的。机械在开始工作前需要一个能量来源。很多机械的能量来源是由人力提供的；多少年来，动物也为不少复杂机械提供了能量来源，例如战车和犁。

齿轮是很多机械中的重要部件。齿轮由两个或两个以上轮子组成，每个轮子都有轮齿，能够相互啮合。

打蛋器

打蛋器由大小两个齿轮组成，顶部装有大齿轮，底部的叶片上方装有小齿轮。当我们以一定的速度转动手柄的时候，齿轮就会带动叶片以更快的速度旋转。

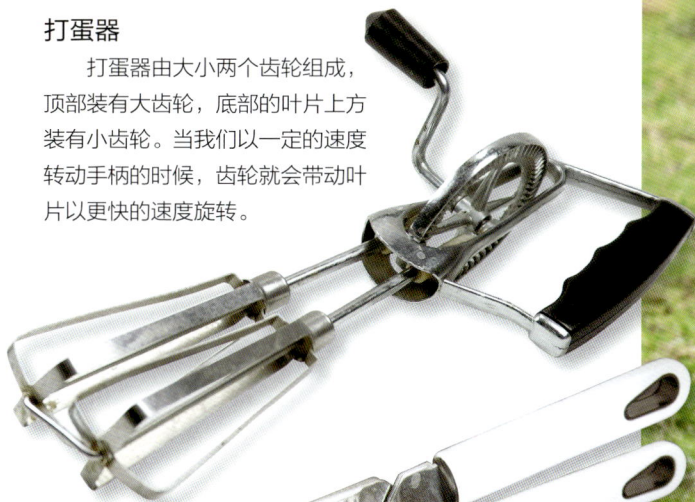

开罐器

使用开罐器时需要对手柄施力，手柄的作用相当于杠杆。这种作用力能够使锋利的切割轮向下运动，直到穿透罐头的顶部。当转动切割轮手柄时，齿轮也随之转动，从而将罐头启开。

钓鱼线轴

　　钓鱼线缠在线轴上，当钓鱼线放出去的时候，线轴会跟着转动；当收回钓鱼线的时候，还会用到齿轮和滑轮。线轴能够锁定钓鱼线的长度，也能够将钓鱼线收回来，防止上钩的鱼儿拉着钓鱼线逃跑。

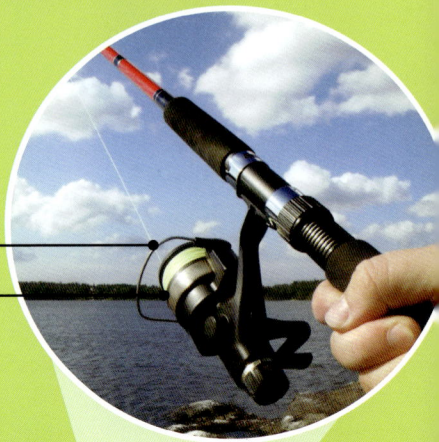

滑轮

轮轴

骑自行车

　　自行车齿轮上的轮齿与链条相啮合，当踩动脚踏板时，链条便将运动传递给齿轮。摩擦力能够使轮胎咬住路面，还能够在我们捏住刹车的时候使自行车减速。

杠杆

力

支点

负载物

钓鱼竿

　　这种杠杆结构是由坚韧的材料做成的，可以受力弯曲而不会折断。杠杆的支点是钓竿端部所固定的位置，比如说钓鱼者的髋部。这个杠杆需要较大的作用力，但是稍微移动一下就能够将一条大鱼拉出水面。

力和能量

力 可以使物体开始运动，加快运动，改变运动方向，也可以使物体运动减慢，停止运动。每个力背后都有一个使之产生作用的能量来源。

对非常复杂的机械来说，能量可以来自燃料，比如煤、汽油、火箭燃料等，也可以来自电力。喷气式飞机、赛车、宇宙飞船等高速运动的机械需要大量的能量，用于产生高速运动，并且克服阻碍运动的摩擦力来维持运动。很多运动项目的选手训练身体，就是希望能够尽可能多地将能量从自己的肌肉转移到所投掷或击打的物体上去。

航天飞机

航天飞机能够将宇航员送离地球表面的大气层，进入太空。火箭燃料为航天飞机的升空和运行提供能量。火箭燃料在燃烧的时候产生高温气体，这些气体从航天飞机底部的喷口高速喷出，从而产生巨大推力将航天飞机送上太空。

电动吸尘器

现代的吸尘器，其能量来源是电力。电动机驱动着电扇叶片旋转，从而将地面上的空气、灰尘、垃圾通过软管吸入吸尘器内部。灰尘和垃圾落入吸尘器里的袋子，空气可以通过袋上的小孔跑掉。

投掷标枪

手臂和腿都属于杠杆机械，运动员通过肌肉给它们施加很大的作用力。那些优秀的掷标枪运动员，身上的肌肉都十分结实。他们在向前投掷标枪的时候，通过快速运动和巨大力量，将强大的作用力从手臂施加到标枪上去。

割草机

燃料割草机是由汽油驱动的，割草机的大部分工作都是由发动机完成的。人在使用割草机的时候，只需要往前推它就可以了。很早以前，人们是用长柄大镰刀来割草的。那实在是份累人的工作，需要花费大量的人力和能量。

不可思议！

航天飞机在进入轨道以后，它的运行速度可以达到每小时2.74万千米以上。

马和马车

在汽车还没有发明出来的时候，甚至是现在的很多地方，人们出行乘坐的四轮马车和二轮马车都是由马和其他动物来提供能量的。在农场里，强壮的公牛可以帮助人们拉着沉重的犁在地里耕田。

工业机械

机械能够将燃料的能量转变为运动。在19世纪和20世纪初，蒸汽为大多数的机械、工厂和交通工具（例如船、火车和早期的汽车）提供动力。将水放在燃烧的煤或者木头上面，就会产生蒸汽。蒸汽受压会形成动力，推动活塞运动，进而将动力传递到轮子、齿轮、杠杆、滑轮等部件中去。

现在的内燃机，比如汽车使用的内燃机，能够更加快速地实现能量转化。不过即使是今天，我们大部分的电力还是来自于一种大型的、蒸汽驱动的机械，即蒸汽涡轮机。

塔式起重机是怎样工作的

负载的平衡物

支点

动臂滑轮

负载滑轮

塔式起重机由塔身和动臂组成，动臂是一根长杠杆，安装在高大的金属塔身上。塔身的顶部是杠杆的支点，动臂的一端是负载，另一端是平衡物。安装在动臂上的滑轮能够将力传递给下面的滑轮，从而控制负载的升降。

发动机发展历程

世界上第一台蒸汽发动机的诞生是在约2000年前，它展示了受压的蒸汽可以产生快速的运动。然而，直到很久以后，人们才制造出第一台具有实用性的蒸汽发动机。

公元60年

约2000年前，古希腊工程师希罗（Hero）发明了第一台蒸汽机。他将空心球内的水烧至沸腾，蒸汽就会从喷口喷出来，从而使空心球快速转动。

1712年

英国的托马斯·纽科门（Thomas Newcomen）发明了一种蒸汽机，这种机械能够将矿井中的水抽出来。后来，詹姆斯·瓦特（James Watt）对这一设计进行了一系列改进，创造出结构更加复杂的蒸汽机。

蒸汽动力

到1850年，工业化国家里的磨坊和工厂，使用的机械都是由高压蒸汽发动机驱动的。

锅炉

锅炉里的水经加热后产生蒸汽，并沿着细窄的管道挤压出来，形成高压蒸汽。

调速器

用来保证蒸汽机工作在合适的转速。当钢球拉动连杆上升时，蒸汽进气量减少；反之，蒸汽进气量增加。

飞轮

用来防止转速剧烈变化，保证齿轮的旋转能够平稳进行。

859年

比利时发明家艾蒂安·勒努瓦（Etienne Lenoir）研制出一种新的蒸汽机，这种机械可以使用煤气作为燃料来直接驱动活塞，这就是第一台内燃机。后来，德国的尼古劳斯·奥托（Nikolaus Otto）对这种机械做了改进。

1892年

德国的鲁道夫·狄塞耳（Rudolph Diesel）设计出一种更加复杂、功率更大的内燃机，可以用在重型车辆、拖拉机和船舶上。这就是柴油机，柴油机的英文名称"diesel"就是来自他的姓。

1937年

英国人弗兰克·惠特尔（Frank Whittle）发明了第一台喷气发动机。喷气发动机的原理就是将空气挤压进管道内压缩，与燃气混合后燃烧膨胀，并从管道的另一端高速喷出，从而产生反向推力。

引力

煮蛋定时器

煮蛋定时器中，上半个容器里的砂粒在引力的作用下，会通过狭窄的小洞慢慢漏到下面的容器里去。全部砂粒都漏到下半个容器里去所花费的时间，正好等于煮熟一个鸡蛋所花费的时间。

倾倒液体

在日常生活中，我们随时可以看到引力的各种作用。当你拿起玻璃杯、茶杯或者瓶子想喝东西的时候，你必须把容器举到比你的嘴巴更高的位置。当你想把混合后的食物倒进烤盘里的时候，正是地球引力在让它下落。

淋浴喷头

在你淋浴的时候，水会从喷头里喷落下来。水压能够让水从管道里喷出来，但要是没有地球引力作用的话，水是不会朝你滴落下来，并流进下水道里去的。

引力是一种物体之间存在的相互吸引之力。地球具有很强的引力，能朝地心方向吸引物体。这就是我们能够停留在地面上而不会飘到空中去的原因，也是我们丢下的东西总是会落到地面上的原因。

太阳也具有很强的引力，这种引力使得行星沿着一定的轨道围绕太阳运动。地球的引力使月球沿着一定的轨道围绕地球运动。月球和太阳的引力对地球上的海洋产生作用，就形成了潮汐。

空气阻力和引力

引力把所有的物体都往下拉。不过还有一种会阻碍物体下落的力，那就是空气阻力。方向向上的空气阻力使得质量很轻或者是表面面积很大的物体，下落速度要比质量较重的物体慢。

大小相同

如果你让体积差不多的网球和苹果从同一高度开始下落，虽然苹果要重一些，但它落到地上所花费的时间跟网球差不多。

大小不同

如果你让一页纸和一支铅笔从同一高度开始下落，那么纸落到地上所花费的时间要比铅笔长得多。这是因为纸的表面面积要大得多，所受到的向上的空气阻力也大得多。

自由飘浮

与地面上的人相比，太空中的宇航员距离地球中心很远，所以他们受到的地球引力也很小。在太空中，宇航员会环绕着地球"下落"，并且感受到"失重"（但是他们并不是真的"失去了重量"）。

没有空气阻力

在一个没有空气的地方（比如月球表面），如果让苹果和质量很轻的羽毛从同一高度同时开始下落，那么它们会恰好在同一时刻落到地面上。

云霄飞车

当你沿着陡峭而又积雪的斜坡滑下来的时候，把你往下拉的正是地球引力。当你乘坐云霄飞车的时候，车厢是与轨道相连的，电动机会把飞车推到斜坡的顶端，然后地球引力就会拉着车厢以很快的速度沿着轨道猛然下滑。

1.起跳

  蹦极弹跳者双腿并拢，从高台上纵身跳入深谷之中。在弹跳者的踝关节处，牢牢地绑着一根长长的、十分结实的弹性绳。绳子还跟全身式的安全带系在一起。

2.下落

  在弹跳者下落的过程中，空气阻力是很小的。由于地球引力对物体具有加速作用，因此弹跳者的下落速度会越来越快。

挑战引力

空气阻力是使地球引力作用减小的力之一。向上的空气阻力作用在降落伞宽阔的表面上，使得跳伞者缓慢地落到地面，而不会直接摔在地面上；它还能让滑翔机在空中停留，让风筝在天上飞翔。航天飞机的发射升空，是由于受到巨大的上升推力作用；飞机向前飞行，是由于喷气发动机产生的强大推力以及机翼产生的升力。

寻求刺激的人

  一些人从飞机上往下跳，来获得刺激的享受。刚开始，他们会快速往下掉；当降落伞打开以后，他们的下落速度就会减慢。还有一些人会从跳台、桥梁和其他高处往下跳，体验受到地球引力作用而下坠的兴奋感，这种运动称为蹦极。

有一些蹦极弹跳者是从地面开始运动的。弹性绳被拉紧后释放，牵着弹跳者向上运动；随后，引力又会把弹跳者往下拉。

3.拉紧

当弹跳者下落到绳子拉紧时，下落速度就会开始减慢。弹跳者还会继续下落一段距离，直到绳子里的弹性纤维被完全拉紧为止。

4.回弹

绳子里的弹性纤维收缩，将弹跳者的身体向上拉起。在弹性纤维完全放松以后，弹跳者在地球引力的作用下再次下落，弹性纤维也再次被拉紧。

5.停止

蹦极弹跳者头部向下，在空中反复下落，上升，直到地球引力和绳子弹力最终达到平衡，弹跳者也最终静止地悬挂在绳子的底端。最后，绞盘会把弹跳者重新拉回平台。

划亮火柴

我们现在使用的安全火柴，只需要将火柴头跟火柴盒的粗糙侧面用力摩擦就可以点燃了。摩擦产生出足够的热量，使火柴头上的红磷燃烧起火。

摩擦力

如果两个物体表面相互接触并且相互摩擦，就会产生一种阻碍运动的力，这就是摩擦力。摩擦力能够使运动变慢。

产生的摩擦力大小取决于接触面的光滑或粗糙程度。假如你用同样的力，将同样的网球分别滚向一片草坪和一条光滑小路，草坪上的网球很快就会慢下来。同一辆车分别开在干燥的路面上和结冰的路面上，干燥路面与汽车轮胎之间的摩擦力要比冰冻路面大得多。

轮胎冒烟

摩擦会产生热量。摩擦力越大，产生的热量也越大。假如一辆在路面上行驶的汽车突然刹车或者打滑，摩擦产生的热量可能会使轮胎底部冒烟，这是由于轮胎橡胶在高温下燃烧引起的。

滑板

玩滑板的人借助摩擦力来控制滑板的行驶速度。滑板轮子和地面之间的摩擦力有助于限制滑行速度。当滑板突然改变行驶方向的时候，摩擦力的增加会使速度减慢，甚至让滑板停止运动。

你知道吗？

如果你用很大的力气将木头相互摩擦，木头就可能会生出火来——这就是"钻木取火"。

分选金属

　　磁体在工业上有很多用途。比如说，所有的电动机和发电机里都装有磁体。体积较大、磁性较强的磁体可用于金属的分选，它可以将有磁性的金属（如铁、钢、镍）从无磁性的金属（如铝）中分离出来。

磁极

　　与地球一样，磁体也具有两个磁极，其中一端称为北极，另一端称为南极。磁场将两个磁极联系在一起。如果你把两个磁体的相同磁极相互靠近的话，它们会相互排斥；如果你把两个磁体的相反磁极相互靠近的话，它们会相互吸引。

磁力和静电力

彼此不相接触的物体之间也可能产生力的作用。磁力和静电力就是两种无形的作用力，即使物体间存在一定距离也能够产生作用。

铁和某些金属可以作为磁体，能够将其他金属拉近或者推开。磁体周围存在磁场，能够产生吸引或者排斥其他金属的作用力。地球内部存在着很强的磁场，这个磁场的范围一直延伸到太空中。当电流从电线中流过时，也会在电线周围产生磁场。

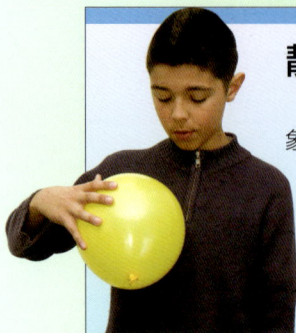

指示方向

几百年来，指南针帮不计其数的旅行者找到了方向。指南针的指针总是指向北方。这是由于指针受到地球磁场的作用，因而总是指向地球的地理北极附近。

静电

当物体之间发生摩擦时，有时会导致电荷的分离，这种现象就称为静电现象。首先，将薄纸片剪成碎纸屑；其次，吹一个气球，把气球跟羊毛衫快速地摩擦几次；然后，把气球靠近纸屑，看看发生了什么。

1.产生静电
气球和羊毛衫的粗糙表面相互摩擦就会使电荷发生分离。

2.产生引力
静电吸引力将纸屑吸附到气球上。

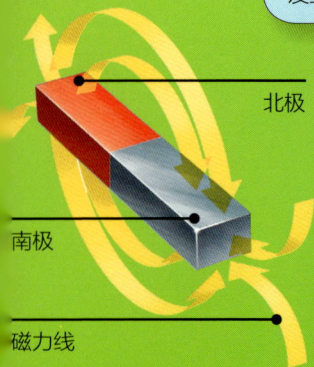

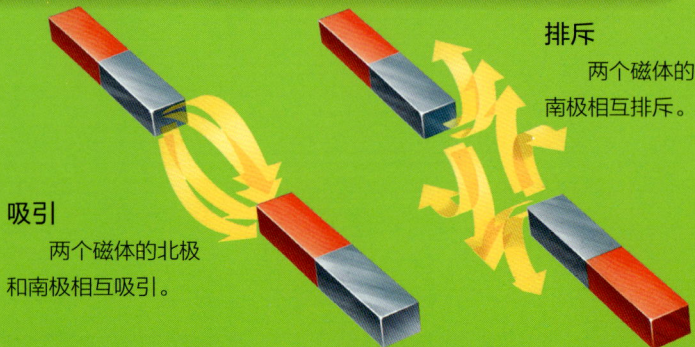

北极

南极

磁力线

吸引
两个磁体的北极和南极相互吸引。

排斥
两个磁体的南极相互排斥。

古代的穹顶

　　位于意大利罗马的万神殿是将近2000年前兴建的。它的穹顶结构由混凝土浇筑而成，外面再覆盖砖块。厚重的墙体为穹顶提供了支撑；随着墙和穹顶高度的逐渐增加，使用的材料越来越少。这既减轻了穹顶的质量，也解释了为什么穹顶不会垮塌。

飞扶壁

　　在欧洲，很多古老的哥特式教堂都建有又高又薄的石墙，上面还嵌有大面积的玻璃窗。这种墙面之所以不会倒下来，就是得益于"飞扶壁"这种建筑结构。飞扶壁可以把墙面形成的向外的力传递到地面上去。

拱心石

力

力

拱门

　　拱门上方的建筑材料会受到向下的地球引力。拱门顶部中央有一块称为"拱心石"的楔形石头，它可以将向下的力传递到拱门的两侧，使拱门结构不会倒塌。

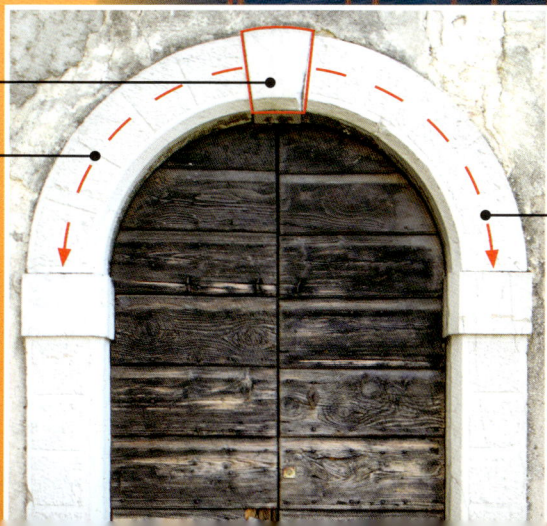

建筑结构

住房、摩天大楼、桥梁、水坝……各种各样的建筑物都在承受着各种各样的作用力。要使某个建筑物能够稳稳地立在那里而没有倒塌或者毁坏，那么它就必须能承受住这些作用力。一些作用力是建筑结构本身产生的。当建筑物的某些部分对其他部分产生压力的时候，建筑内部的相互作用力就必须得到平衡。所有的建筑物都会受到地球引力的作用。建筑物还可能受到其他外力的作用，例如风力、地震和人类活动的影响。

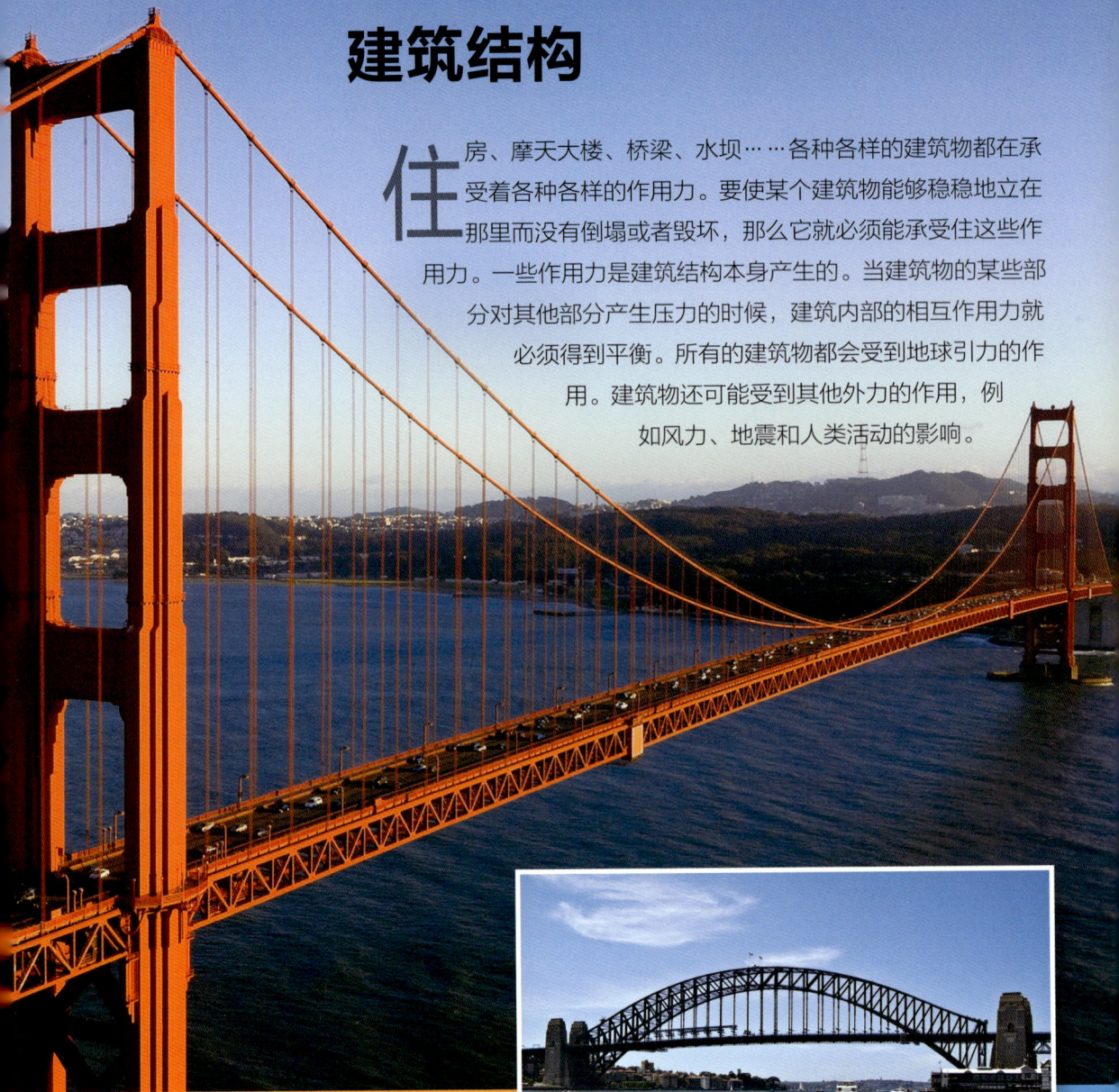

吊桥

位于美国旧金山的金山大桥就是一座吊桥。两座高大的钢塔之间，用粗大牢固的钢缆将塔顶连接起来；钢缆和桥身之间，用一根根细钢绳悬吊相连。钢缆的两端则固定在岸边的陆地上，防止大桥向内倒塌。

拱桥

在钢铁拱桥上，长长的拱架横跨两岸，一根根钢缆或拉杆将桥身悬吊在拱架上。拱架将整个结构受到的作用力向两侧传递，最终转移到地面上去。位于澳大利亚悉尼的悉尼海港大桥就是一座著名的拱桥。

船为什么不会沉

只 要一艘船的船体本身和船内空气的总重量小于船排开的那部分水的重量，那么这艘船就能浮起来。

假如你把一只空碗正面朝上，放入一个盛满水的水槽里，那么碗就会浮在水面上。

假如你把这只碗装满水，那么碗就会沉入水中。

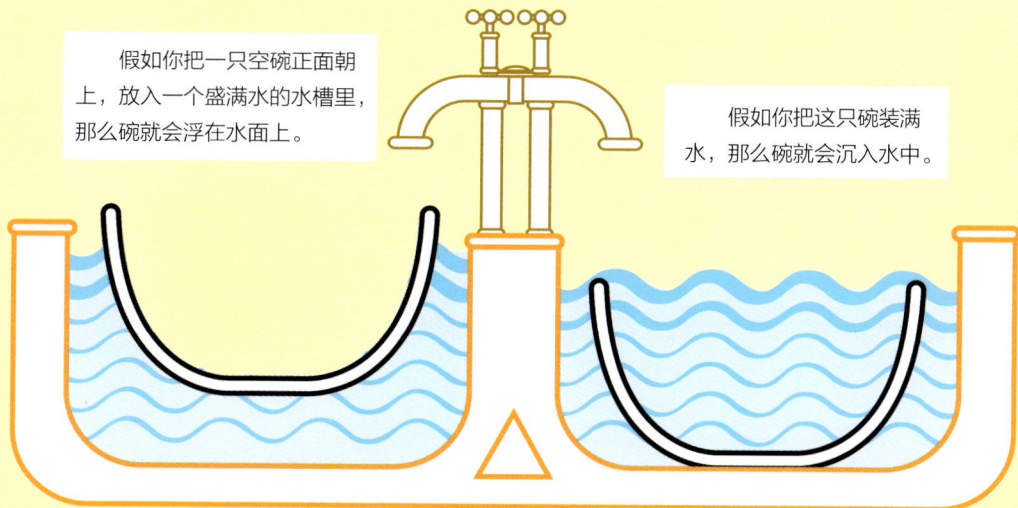

当这只碗被压入水中时，它就必须挤开一部分水来获得空间。这就会使碗受到向上的浮力作用。

这只碗被下压得越深，它需要排开的水就越多，所受到的浮力也就越大，你要压动它所花的力气也就越大。

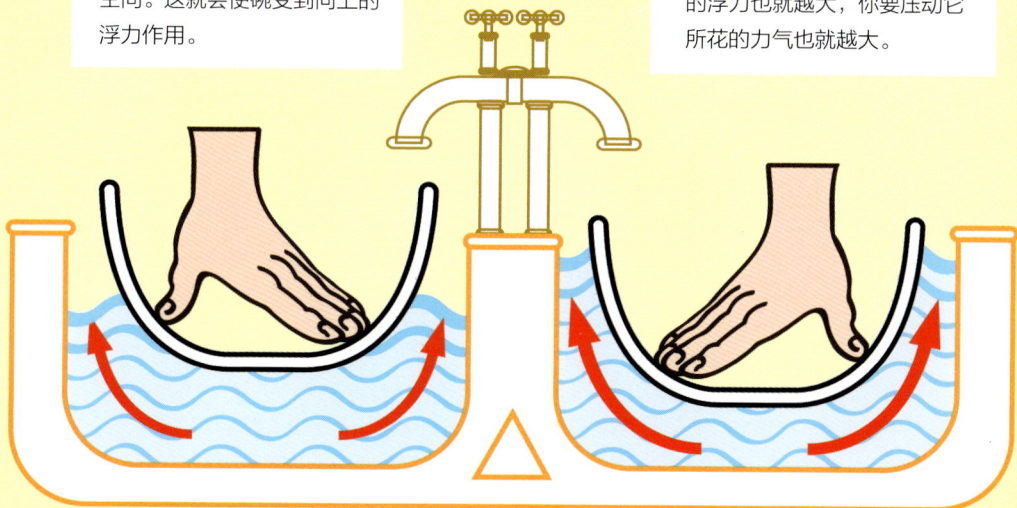

尤里卡！

相传，古希腊科学家阿基米德在洗澡时发现，当他坐进浴盆时水会溢出来。于是他突然意识到，溢出来的水的体积一定恰好等于他身体的体积。想到这里，阿基米德不禁兴奋地大喊："尤里卡！""尤里卡"的意思是"我发现了"。

阿基米德在洗澡时获得了重要的科学发现。

空气

船只漂浮的奥秘

假如一艘船的内部大部分是空气，那么，即使船体本身很重，船体和空气的总重量仍然可能比它排开的水的重量要小得多，所以这艘船就会浮起来。但是，假如一艘船的船体有破洞，船里装满了水，水把空气挤出去，使得船的总重量比它排开的水的重量要大，那么这艘船就会沉下去。

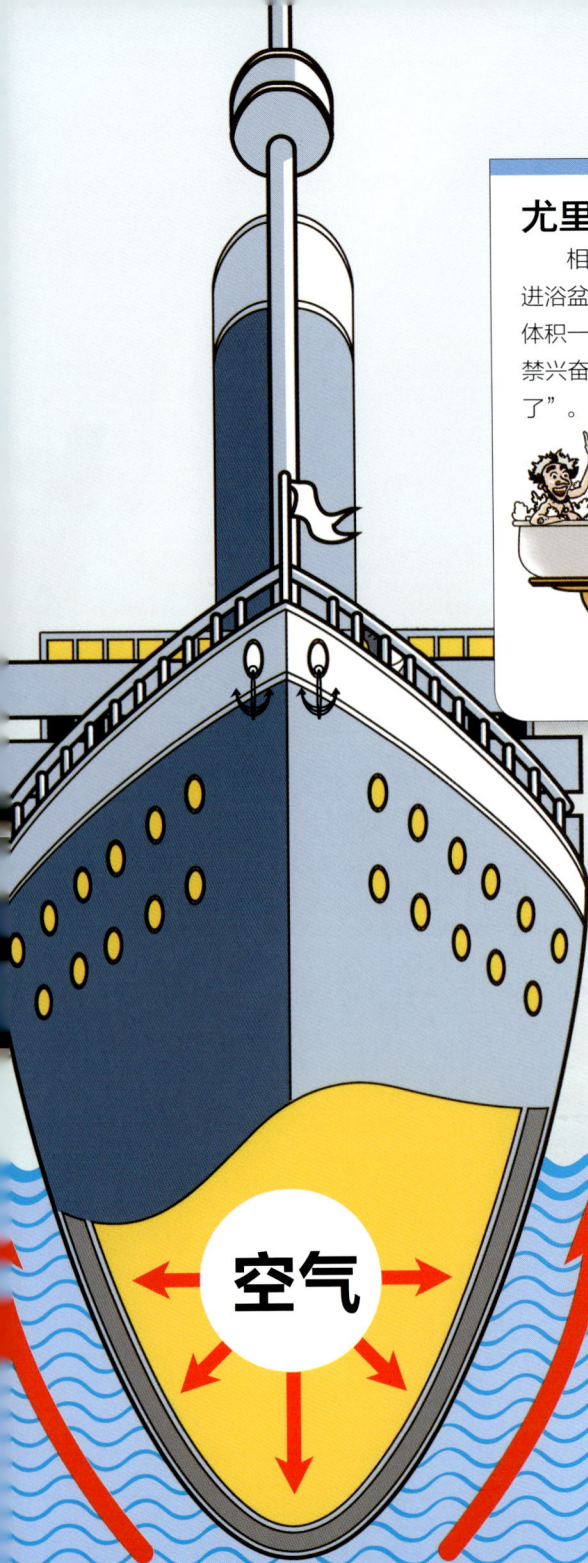

力的发现

是真是假？

据说，伽利略在意大利的比萨斜塔上，做了两个重量不同的球同时落地的实验，从而证明了他关于地球引力的理论。不过，这件事很可能是虚构的。

几个世纪以来，科学家和哲学家提出了各种理论，并且进行了各种实验，用来解释力是如何作用的，以及物体为什么会以某种方式运动。古希腊哲学家亚里士多德（Aristotle）提出了很多有关运动和引力的观点。一直到大约 2000 年以后，艾萨克·牛顿（Isaac Newtown）和伽利略·伽利雷（Galileo Galilei）等人才能够证明，亚里士多德的很多观点其实都是错误的。

后来，阿尔伯特·爱因斯坦（Albert Einstein）等科学家基于牛顿和伽利略的结论，进一步获得了更多的发现。根据前人的发现和错误继续研究，科学就是这样不断发展的。

亚里士多德

（公元前384年~前322年）

这位古希腊哲学家写了很多书，其中一本叫做《物理学》。在这本书里，他解释了有关地球引力的观点：所有物体和物质的上升或者下落，是由其自然位置决定的。蒸汽和气体的自然位置是天空，所以向上运动；固态物体的自然位置是大地，所以向下运动。

阿基米德

（公元前287年~前212年）

阿基米德发现了浮力和物体所排开的水的重量之间的关系，使我们明白了物体会漂浮的原因。阿基米德用数学解释了杠杆工作的原理。他还造出了易于吊举重物的滑轮系统。

伽利略·伽利雷

（1564年~1642年）

意大利的伽利略通过实验，获得了关于地球引力的重要发现。伽利略证明了，重量不同的物体从相同高度同时下落，它们下落速度增加的比率是完全一样的。他还研究了摩擦力是怎样作用于运动物体的。

艾萨克·牛顿爵士

（1643年~1727年）

英国科学家牛顿在他的著作《自然哲学的数学原理》中，用引力解释了行星的运动，并且提出，任何质点都对其他质点存在一种吸引力。同时，他还极大地增进了我们对物体如何运动和为什么运动的认识。

阿尔伯特·爱因斯坦

（1879年~1955年）

爱因斯坦可能是20世纪最伟大的科学家了。1915年，爱因斯坦在发表的论文中提出了广义相对论。广义相对论认为，引力可以看成是一个被物质"弯曲"了的时空。时空的弯曲影响了行星环绕太阳运动的轨迹。

知识拓展

加速 (accelerate)
运动物体的速度增加。

空气阻力 (air resistance)
物体在空气中所受到的阻碍运动的力。

宇航员 (astronauts)
在大气层以外的太空中旅行或工作的人。

轴 (axle)
穿在轮子中间的棒状物体，轮子可绕着轴旋转。

指南针 (compass)
一种利用地球磁场判别方位的仪器。

电荷 (electric charge)
物质的一种物理属性，会在粒子之间产生电力。

能量 (energy)
使得物体能够运动、升温或完成其他工作的一种物理量。

摩擦力 (friction)
两种物体或物质之间相互接触和摩擦而产生的力。

燃料 (fuel)
燃烧用以产生热量或为发动机提供能量的物料（如木材、煤、汽油、柴油）。

支点 (fulcrum)
对杠杆起支撑作用的点，杠杆可以绕这个点转动。

汽油 (gasoline)
一种由石油制成的易燃液体，可用作机动车辆、飞机等机械的燃料。

滑翔机 (glider)
一种没有动力装置的飞行器，依靠气流在空中滑行。

哥特式 (gothic)
一种源自欧洲的建筑艺术风格，盛行于12世纪至16世纪。

引力 (gravity)
物体间的一种吸引力，可以将物体吸在地球上，使地球和其他行星环绕太阳运动。

内燃机 (internal combustion engine)
一种发动机，燃料在发动机内部，可用于汽车和喷气式飞机。

杠杆 (lever)
一种简单机械，杆可以绕着支点转动，可用来撬起或移动物体。

磁力 (magnetism)
一种在磁性材料和通电导线上产生的力。

肌肉 (muscles)
人和动物身体中的一种组织，与骨骼和器官相连。

磷 (phosphorus)

用于火柴的一种活性很高的元素，加热或摩擦就可以使它起火燃烧。

活塞 (piston)

在筒内做往复运动的一种短圆筒。

滑轮 (pulley)

由边缘有槽的小轮组成，可用于改变力的方向。

长柄大镰刀 (scythe)

一种工具，由长木柄和锋利的弧形长刀片组成，以前用于割草或割庄稼。

沙杜佛 (shadoof)

古埃及人使用的一种杠杆，用于提水。

航天飞机 (space shuttle)

一种可以搭载宇航员进入太空和返回地球的可重复使用的太空飞行器。

静电 (static electricity)

静止的电荷，不会像电流中的电荷那样运动，可由某些物体相互摩擦产生。

蒸汽机 (steam engine)

一种由受压蒸汽驱动工作的发动机。

涡轮机 (turbine)

一种利用气体（如蒸汽）或液体（如水）推动有叶片的轮子高速转动而产生动力的发动机。

楔子 (turbine)

由具有锐利的刃或尖的物体组成，能够将物体分开，或将物体固定在某个位置。

探索·科学百科 ™

Discovery
EDUCATION ™

世界科普百科类图文书领域最高专业技术质量的代表作

小学《科学》课拓展阅读辅助教材

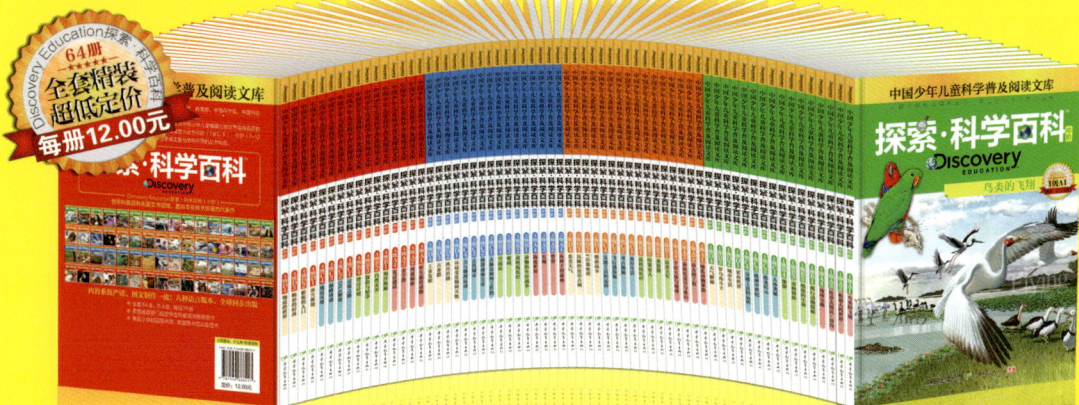

64册
全套精装
超低定价
每册12.00元

Discovery Education探索·科学百科（中阶）丛书，是7~12岁小读者适读的科普百科图文类图书，分为4级，每级16册，共64册。内容涵盖自然科学、社会科学、科学技术、人文历史等主题门类，每册为一个独立的内容主题。

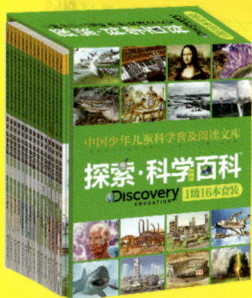

Discovery Education
探索·科学百科（中阶）
1级套装（16册）
定价：192.00元

Discovery Education
探索·科学百科（中阶）
2级套装（16册）
定价：192.00元

Discovery Education
探索·科学百科（中阶）
3级套装（16册）
定价：192.00元

Discovery Education
探索·科学百科（中阶）
4级套装（16册）
定价：192.00元

Discovery Education
探索·科学百科（中阶）
1级分级分卷套装（4册）（共4卷）
每卷套装定价：48.00元

Discovery Education
探索·科学百科（中阶）
2级分级分卷套装（4册）（共4卷）
每卷套装定价：48.00元

Discovery Education
探索·科学百科（中阶）
3级分级分卷套装（4册）（共4卷）
每卷套装定价：48.00元

Discovery Education
探索·科学百科（中阶）
4级分级分卷套装（4册）（共4卷）
每卷套装定价：48.00元

广东省版权局著作权合同登记号

图字：19-2011-097号

本书原由 Weldon Owen Pty Ltd 以书名*DISCOVERY EDUCATION · Blood in the Arena*

（ISBN 978-1-74252-152-7）出版，经由北京学乐图书有限公司取得中文简体字版权，授权广东教育出版社仅在中国内地出版发行。

图书在版编目（CIP）数据

Discovery Education探索·科学百科. 中阶. 1级. D3，罗马角斗士 / [澳]路易丝·帕克著；陈穗立（学乐·译言）译. — 广州：广东教育出版社，2012.6

（中国少年儿童科学普及阅读文库）

ISBN 978-7-5406-9088-5

Ⅰ.①D… Ⅱ.①路… ②陈… Ⅲ.①科学知识—科普读物 ②古罗马—历史—少儿读物 Ⅳ.①Z228.1 ②K126-49

中国版本图书馆 CIP 数据核字(2012)第086433号

Discovery Education探索·科学百科（中阶）
1级D3 罗马角斗士

著 [澳]路易丝·帕克   译 陈穗立（学乐·译言）

责任编辑 张宏宇 李 玲   **助理编辑** 能 昀 李开福   **装帧设计** 李开福 袁 尹

出版 广东教育出版社

地址：广州市环市东路472号12-15楼 邮编：510075 网址：http://www.gjs.cn

经销 广东新华发行集团股份有限公司   **印刷** 北京顺诚彩色印刷有限公司

开本 170毫米×220毫米 16开   **印张** 2   **字数** 25.5千字

版次 2016年3月第1版 第2次印刷   **装别** 平装

ISBN 978-7-5406-9088-5   **定价** 8.00元

内容及质量服务 广东教育出版社 北京综合出版中心

电话 010-68910906 68910806   网址 http://www.scholarjoy.com

质量监督电话 010-68910906 020-87613102   **购书咨询电话** 020-87621848 010-68910906

中国少年儿童科学普及阅读文库

探索·科学百科™

中阶

罗马角斗士

1级D3

[澳]路易丝·帕克◎著
陈穗立(学乐·译言)◎译

Discovery
EDUCATION™

全国优秀出版社
全国百佳图书出版单位
广东教育出版社